ÉTUDES D'AGRICULTURE ALGÉRIENNE

PAR

LÉON DE ROSNY

PARIS
CHALLAMEL AÎNÉ, LIBRAIRE-ÉDITEUR

ALGER | CONSTANTINE

18[illegible]

ÉTUDES

D'AGRICULTURE

ALGÉRIENNE

Paris. — Imprimerie de H. Carion, rue Bonaparte, 64

ÉTUDES

D'AGRICULTURE

ALGÉRIENNE

PAR

LÉON DE ROSNY

PARIS
CHALLAMEL AINÉ, LIBRAIRE-ÉDITEUR,
Commissionnaire pour l'Algérie et l'étranger,
30, RUE DES BOULANGERS.

ALGER
BASTIDE, libraire-éditeur.

CONSTANTINE
BASTIDE et AMAVET, imp.-libr.

1858

Cet opuscule renferme trois Notices d'agriculture algérienne. La première est consacrée à l'Ortie blanche dont la culture, en Afrique, n'avait d'abord réussi que très-médiocrement, mais qui, par suite de nouveaux essais, promet de devenir très-productive pour notre colonie. Les renseignements qu'on trouvera ci-inclus sont, pour la plupart, nouveaux et d'autant plus intéressants à publier que l'*Urtica nivea* n'a pas encore été l'objet d'une étude spéciale depuis que l'on a songé à l'introduire en Algérie.

La seconde étude traite de l'Opuntia ou cactus raquette qui, par sa reproduction facile et presque spontanée sur le sol africain, mérite une attention toute particulière. Il est d'autant plus à désirer que l'on se préoccupe de ce végétal, dans certaines parties de l'Algérie surtout, qu'outre ses produits nombreux et variés, il engraisse et fertilise, par ses détritus, les terrains incultes où il croît avec vigueur.

La troisième Note rentre tout particulièrement dans le domaine de la sylviculture. Elle a pour objet le Thuya ou Callitris, arbre qui fournit l'un des plus beaux bois d'ébénisterie connus, et que l'on doit considérer, pour cela même, comme une des plus précieuses productions de l'Atlas et du Tell algérien.

I.

L'ORTIE BLANCHE

L'Ortie blanche (*Urtica nivea, Linn.*) est peut-être la moins bien connue de toutes les plantes textiles dont on a essayé l'acclimatation en Algérie ; et cependant, il n'en est guère qui méritent autant de l'être. Les résultats peu satisfaisants des premiers essais, ont sans doute principalement contribué à en faire négliger la culture ; mais aujourd'hui, l'expérience a démontré que la cause réelle de l'insuccès résidait, non pas dans la nature du sol africain, mais seulement dans l'inexpérience des colons qui ignoraient les soins que réclament les plantations de cette espèce d'urticée.

La supériorité du produit filamenteux de l'ortie blanche, avec lequel on fabrique un tissu fin, solide, soyeux, attirera de nouveau — nous en sommes persuadés —

l'attention des cultivateurs algériens qui trouveront dans l'exploitation de cette plante, une nouvelle source de richesses agricoles, dont ils reconnaîtront en peu de temps la juste valeur.

Le tissu d'ortie blanche est désigné sous le nom de *hia-pou* « toile d'été » chez les Chinois, qui en fabriquent dans un grand nombre de manufactures. Il est également très-connu en Angleterre, sous le nom de grass-cloth « toile végétale » ; enfin, les premiers échantillons venus en France, y ont été admirés sous le nom d'*ortillière.*

Lors de l'exposition des produits de l'industrie chinoise qui eut lieu à Paris, en 1846, et peu après à Saint-Étienne (Rhône), cette étoffe fut examinée avec un soin tout particulier; les experts furent unanimes pour vanter la beauté et la souplesse de ce tissu comparable à la plus belle batiste, et l'emportant sur celle-ci, comme plus fort et plus nerveux.

A l'Exposition universelle de Londres, en 1851, l'ortie blanche a obtenu trois *price-medals* : Les spécimens de fibres préparés, qu'on remarquait alors, dans la IVe classe du Palais de Cristal, ressemblaient à de la belle soie blanche, ou à de l'asbeste; quelques-uns étaient teints de diverses couleurs, d'autres étaient tissés.

Il faut ajouter, néanmoins, qu'il se rencontre parfois de petites taches noires, qui bien qu'à peine visibles dans les tissus d'ortie blanche, leur enlèvent cependant une partie de leur valeur, en les rendant impropres à la confection du linge et des vêtements de luxe. Mais il y a tout lieu de croire que l'agriculture et l'industrie européenne triompheront de ce défaut accidentel des fibres ouvrés de cette nouvelle plante textile.

L'Ortie blanche est désignée par les botanistes, sous la dénomination d'*Urtica nivea*, Linn. Le nom de *Bohemeria nivea*, Hook, qui avait été donné depuis à la même plante, n'a pas été conservé dans la science[1]. Les noms étrangers de ce végétal sont : en Chinois, *Tchouma* — en Japonais : *Kara-mousi* — en Assamois : *Rhia* — en Malais : *Rami* — en dialecte de Sumatra : *Kaloui* — en langue des Célébès : *Gambe*.

En Chine, et dans toutes les parties de l'Asie orientale où elle croît à l'état sauvage et dans les cultures, l'Ortie blanche atteint d'ordinaire de 1 mètre à 1 m. 50 c., et même 2 m. Elle se distingue tout d'abord par la rectitude de ses rameaux et la couleur de ses feuilles, qui paraissent d'un vert presque noir en dessus; tandis que regardées par dessous, elles offrent aux yeux un duvet léger et argentin.

La culture de cette plante, sans présenter de difficultés sérieuses, réclame cependant certains soins dont on aurait tort de se départir, surtout lors des premiers essais. Il nous paraît donc utile de donner ici un résumé succint des instructions que fournissent sur ce sujet, les Chinois[2], car ce sont eux qui ont obtenu, jusqu'à présent, les meilleurs résultats dans l'exploitation de l'Ortie blanche.

La première opération, lorsqu'on veut entreprendre la

(1) Steudel, *Nomenclator botanicus*, p. 735.

(2) Ce résumé est extrait de trois sources principales : 1° de plusieurs curieux fragments d'Encyclopédies agricoles, traduits du chinois, par M. Stanislas Julien; 2° d'une notice *on the Chinese grass-cloth*, publiée à Canton; 3° d'une Note sur le même sujet, qui nous a été adressée récemment par un de nos correspondants de Hong-kong.

culture du *tchou-ma* ou ortie blanche, consiste dans le triage des graines, en les plongeant dans de l'eau claire, et en rejetant celles qui, au bout d'un instant, se maintiennent encore à la surface. On emploie, pour cela, des femmes et des enfants qui travaillent sous la direction d'un vieillard expérimenté. Les meilleures graines sont celles qu'on retire des premières pousses et qui sont tachetées de points noirs. On les recueille dans le courant d'octobre, on les fait sécher au soleil, après quoi on les mêle dans une quantité égale de sable humide et on les place dans un panier de bambou, soigneusement recouvert de paille. Sans cette précaution les grains gèleraient pendant l'hiver, et dès lors ne germeraient plus. Il s'agit ensuite de donner au sol une préparation convenable pour recevoir les semences. Dans ce but, on fait subir à la terre un ou deux labours ; après quoi on passe successivement la herse, la houe et le râteau, de façon qu'il ne reste plus de mottes et que le terrain soit parfaitement uni. Une terre sablonneuse et légère convient surtout au *tchou-ma*.

On peut désormais procéder à l'ensemencement par touffes ou mieux par ligne. Il faut, en tout cas, avoir la précaution de ne pas trop rapprocher les semences, sans quoi on n'obtiendrait que des pieds frêles et sans valeur. Il est bon de ne pas recouvrir les graines de terre, afin de ne pas les empêcher de germer par cette précaution inopportune.

Une opération utile consiste à ombrager les plantations d'orties blanches, au moyen de nattes légères supportées sur des pieux. Ces nattes, que l'on peut facilement imprégner d'eau, conservent au sol une certaine humidité pendant le temps de la germination, époque durant laquelle il faut éviter les arrosages abondants. Et lorsque, quelques mois plus tard, les rayons solaires acquièrent une trop grande force, on profite de ces mêmes nattes pour y superposer des paillassons qui garantissent les jeunes plantes des chaleurs excessives de la saison. Une fois que les orties ont atteint la hauteur de deux ou trois doigts, il n'est plus nécessaire d'y maintenir ces sortes de couvertures. Dès lors, il faut commencer les arrosages : le jus de fumier, employé dans ces circonstances, produit de très-bons résultats. De même, lorsqu'on a coupé les tiges, il faut arroser sans délai. L'arrosage doit avoir lieu la nuit, ou bien lorsque le temps est couvert ; car si on le pratiquait en plein soleil, les fibres de la plante se rouilleraient.

Lorsque les pieds d'ortie ont atteint la force voulue, on s'occupe du repiquage. Il faut avoir soin, en enlevant les jeunes pieds, de leur conserver une motte de terre inhérente aux racines, afin de leur permettre de reprendre facilement. La distance à mesurer, entre chaque pied, est ordinairement de 15 centimètres. Le repiquage opéré, on réitère les arrosements de cinq en cinq jours ; et le dixième mois, on recouvre le sol d'une couche de fumier frais de bœuf, d'âne ou de cheval. Il faut, toutefois, proportionner l'engrais à la nature plus ou moins grasse du sol. Au bout de deux ou trois mois, on retire le fumier, afin d'assurer aux jeunes pousses le moyen de sortir sans entraves.

Il est nécessaire de procéder au dédoublement des touffes d'ortie blanche tous les trois ans, et même plutôt si elles deviennent trop épaisses. Le défaut de ce soin nuirait au développement des pieds qui se gêneraient les uns les autres, et finiraient pas dépérir.

Les orties blanches présentent une grande facilité de multiplication par voie de bouturage. On les reproduit également par marcottes.

A Sumatra, les orties blanches prospèrent en tous lieux, mais surtout dans les endroits ombragés et humides. En quatre mois, elles atteignent de 8 à 10 pieds, fleurissent et sont en état d'être coupées. Dans l'Assam, elles sont cultivées auprès des cabanes des pêcheurs ainsi qu'au pied des collines. Elles y croissent avec vigueur, grâce au climat généralement humide de ce pays ; et si on leur peut procurer de l'ombre et un peu d'engrais, elles atteignent facilement 8 pieds de haut, ce qui permet d'en retirer des fibres de 6 pieds de longueur. On peut obtenir aisément quatre à cinq récoltes par an.

Voici les principales opérations effectuées en Chine après la récolte de l'ortie blanche ou *tchou-ma*. On classe d'abord par longueur les tiges recueillies, afin d'en former des paquets d'égale dimension. On fait ensuite tremper les orties dans l'eau durant deux nuits, puis on les retire et on les essuie avec soin, de manière à rendre les fibres aussi propres, aussi nettes que possible. Une fois cette opération achevée, on en fait des paquets et on les met une seconde fois tremper dans le courant d'un petit ruisseau, mais, cette fois, pendant une nuit seulement. Après avoir bien lavé, on expose les paquets au soleil, afin de les faire sécher et on sépare les orties à fibres blanches de ceux à fibres colorées. On procède ensuite à un nouvel arrosage, et cela par un procédé purement chinois qui consiste à remplir sa bouche d'eau et à faire des injections par légères ondées, de façon à humecter doucement le *tchou-ma*. Le battage se fait alors par deux hommes qui frappent l'ortie sur un bloc de bois, à peu près comme les serruriers frappent sur l'enclume ; puis on entreprend le serançage. Après cela on fait sécher les tiges et on les fend dans la partie qui est rapprochée de la racine et qui n'a pas encore été touchée. En même temps, on recueille les étoupes et autres résidus.

Une fois que le *tchou-ma* est ainsi préparé, on le livre aux femmes qui de nouveau le lissent, le peignent, le tendent et l'humectent jusqu'à ce qu'il soit bon à être tissé.

Lorsqu'on entreprend, en hiver, le tillage du *tchou-ma* il faut faire tremper préalablement les tiges de la plante dans de l'eau tiède.

Remarquons en passant que, suivant toute probabilité, on pourra simplifier notablement la méthode employée en Chine pour cultiver l'ortie blanche et en retirer la partie textile ; mais, pour arriver là, on ne saurait trop étudier les procédés qu'une longue expérience a enseignés aux Chinois.

Il ne sera pas sans utilité de connaître également les opérations pratiquées dans l'Assam pour la préparation des fibres de cette même plante. Le major Hannay nous fournit, à cet égard, quelques renseignements dont voici la traduction :

« Couper le rhia [1]. — Le rhia est bon à couper quand les tiges deviennent brunes jusqu'à une hauteur d'environ six pouces, à partir de la racine.

« Prenez le haut de la tige de la main gauche, et avec la droite parcourez rapidement jusqu'à la racine de manière à arracher la feuille, et tranchez la tige avec un cou-

[1] Tel est l'avis d'un agronome distingué, M. Salomon, de Tlemcen, qui s'est adonné tout récemment à la culture de l'ortie blanche.

teau aigu, en ayant soin d'être au-dessus du réseau chevelu des racines; car celles-ci doivent être couvertes d'engrais immédiatement après la coupe, afin d'assurer une nouvelle récolte aussi promptement que possible. Tranchez la tendre extrémité de la tige et faites des bottes de deux cents à deux cent cinquante tiges, si le dépouillement ne doit pas être effectué dans le champ ou dans le jardin même : mais il vaut toujours mieux séparer l'écorce et les fibres sur place, car les cendres provenant des résidus brûlés fournissent un bon engrais pour les racines, surtout lorsqu'on les mélange avec du fumier sec de vache.

« Séparer l'écorce et les fibres —L'opérateur prend, à peu près vers le milieu, la tige dans les deux mains; puis, la serrant avec l'index et le pouce, il lui fait subir une contorsion particulière, de sorte que la moëlle intérieure est rompue; et alors, passant rapidement les deux doigts de la main droite et de la main gauche alternativement d'une extrémité à l'autre, en exerçant une pression, l'écorce et les fibres sont complétement séparées de la tige, et forment deux torons.

« Formation des paquets. — Les torons d'écorce et de fibres sont maintenant réunis en bottes de différentes dimensions, liés au plus petit bout avec un déjet de fibres et placés dans de l'eau claire, pendant quelques heures; ce qui a pour but, je crois, de débarrasser la plante de son tannin ou matière colorante, car l'eau devient presque rouge en peu de temps.

« Procédé de nettoyage. — Le procédé pour le nettoyage est le suivant : Les bottes sont suspendues à un crochet attaché à un poteau au moyen du lien, du petit bout, à une hauteur convenable pour l'ouvrier qui prend séparément chaque toron du plus grand bout dans sa main gauche, passe rapidement le pouce de sa main droite dans l'intérieur et parvient, par cette opération, à séparer complétement les fibres : il ne faut plus alors que deux ou trois râtissures, avec un petit couteau, pour nettoyer entièrement le ruban de fibres. Ceci complète l'opération, avec une perte d'un cinquième, il est vrai. S'il est promptement séché au soleil, il peut désormais être considéré comme achevé pour l'exportation. Mais l'apparence des fibres est beaucoup améliorée, si on l'expose (immédiatement après le nettoyage) sur le gazon, à une forte rosée nocturne, en septembre ou octobre, ou à une ondée, durant la saison des pluies. Après le séchage, la couleur est améliorée ; et on n'a plus à craindre que les fibres ne soient gâtées par la nielle, dans le voyage qui les conduit à leur destination. »

En résumé, l'ortie blanche, par sa richesse en fibres, et la facilité de sa culture, sera une bonne acquisition pour l'Algérie. Les filaments les plus blancs seront employés pour la fabrication des toiles fines et soyeuses dont nous avons rappelé la supériorité réelle. Les filaments de qualité inférieure serviront à tisser des étoffes un peu plus grossières, mais également solides et durables, ou bien on les emploiera dans la corderie ordinaire ou maritime, pour filets de pêcheur, cordes de mines, amarres, etc. « Si, dit à ce sujet Forbes-Royle, l'on désire le suprême degré de force, dans le plus petit espace, on le rencontrera dans les fibres de l'ortie blanche qui ont plus ou moins de beauté, suivant qu'elles proviennent de la dernière ou des premières récoltes. Ainsi, tandis que les unes peuvent rivaliser en finesse avec le lin le plus doux, les autres peuvent surpasser en force le chanvre russe ou tout autre, à l'exception du chanvre de l'Himalaya. » Enfin le rebut peut être utilisé avec succès à la fabrication du papier, comme cela se pratique à Java et dans quelques autres parties de l'Archipel indien.

II

L'OPUNTIA

> « Cette plante est peut-être, dans l'état actuel des choses, la plus précieuse ou une des plus précieuses productions du territoire algérien. »
>
> MOLL, professeur au Conservatoire des Arts et Métiers.

Parmi les nombreux végétaux qui composent la flore algérienne, il en est un qui se remarque tout d'abord par la singularité toute caractéristique de sa forme et par son abondance dans les terrains les plus arides. C'est le Cactus raquette, que l'on désigne plus brièvement par son nom scientifique *Opuntia*. Quoique l'on soit aujourd'hui généralement d'accord pour considérer cette plante comme exotique sur le sol barbaresque, on ne peut cependant point s'empêcher de reconnaître qu'elle s'y est complétement acclimatée et que sa nouvelle patrie est essentiellement propre à son parfait développement. Dans les situations les plus désavantageuses par la pauvreté du sol, partout où il semble que toute autre végétation renonce à couvrir la terre et à l'utiliser, l'Opuntia sait trouver assez de nourriture pour y croître rapidement avec vigueur, et pour rivaliser, par sa force, par son élévation et la richesse de ses rameaux, de ses fleurs et de ses fruits, avec les arbres les plus précieux et les plus robustes.

L'Opuntia, qui est originaire de l'Amérique centrale, est très-commun dans le Sahel algérien ; la variété à feuilles lisses se rencontre surtout dans les jardins, sur le massif d'Alger ; celle à longues épines croît spontanément dans diverses parties de l'Afrique septentrionale, et entre autres dans la plaine de Mitidja. Ce cactus croît également dans le midi de la France et surtout dans la Provence ; on le trouve de même en Italie et dans la Sicile qu'il paraît envahir chaque année de plus en plus.

Deux variétés de cette plante se rencontrent dans l'Afrique française : la première, désignée par les indigènes sous le nom de *Figuier du chameau*, a les feuilles armées d'aiguillons très-durs et groupés ordinairement par trois, quatre ou par cinq, au centre desquels paraissent les fleurs. Les piqûres de ces épines sont très-dangereuses ; aussi cette espèce de cactus est-elle parfaitement propre à former des haies. Les Arabes l'emploient habituellement à cet usage, et leurs jardins, qui en sont entourés, passent pour être impénétrables. Cette variété d'Opuntia pourra donc continuer à être ainsi utilisée comme clôture destinée à garantir les propriétés des invasions du dehors.

La seconde variété, et celle sur laquelle nous comptons nous étendre le plus, est appelée par les Arabes *Figuier du chrétien*. Les piquants qui garnissent les feuilles sont moins développés que dans la variété précédente et n'empêchent pas les animaux de s'en nourrir avec avidité. La végétation de cette espèce étant plus vive que celle de la première, les feuilles atteignent une plus grande dimension et sont plus succulentes. Les fruits de l'espèce armée d'aiguillons sont également moins gros et moins bons que ceux du Figuier du chrétien.

Les Arabes consomment une très-grande quantité de figues d'Opuntia pendant toute la saison, et leurs bestiaux trouvent dans les raquettes de cette plante un aliment nutritif et succulent. Enfin, suivant M. Jules Duval, ils se servent des feuilles torréfiées de ce cactus comme calmant et résolutif contre la goutte.

Dans la suite de cette courte Note, nous nous occuperons des différentes propriétés de l'Opuntia et des raisons qui doivent porter les colons en Algérie à ne point négliger cette plante importante, toute acclimatée dans le sol qui est livré à leur exploitation, et qui doit être une des richesses végétales de l'Afrique française, si l'on sait la propager avec habileté dans les terrains incultes qu'elle engraisse et fertilise avec le temps.

Un habile agronome, M. Moll, professeur au Conservatoire des Arts et Métiers, convaincu de la vérité de cette assertion, a exprimé, ainsi qu'il suit, son opinion relativement à l'Opuntia : « Cette plante que nous nommons Figuier de Barbarie, est peut-être, dans l'état actuel des choses, *la plus précieuse ou une des plus précieuses productions* du territoire algérien. »

I.

USAGE COMESTIBLE. — DU FRUIT ET DES FLEURS. — PRINCIPE COLORANT.

La floraison de l'Opuntia commence d'ordinaire au mois d'avril ; elle se continue durant tout le mois de mai et même dans une grande partie du mois de juin.

Les fleurs sont de couleur jaune un peu claire : elles atteignent assez souvent 10 centimètres de diamètre : elles sont parfaitement comestibles. Suivant Thiébaut-de-Berneaud, les Mexicains les mangent comme les asperges, en sauce blanche, à l'huile et au vinaigre, ou bien avec une sauce composée d'un mélange de piment et de tomates broyées avec de l'eau et du sel.

Aux fleurs succèdent, vers la fin de juin ou au commencement de juillet, des fruits de forme ovoïdale et ressemblant assez bien à des figues, d'où leur est venu le nom de *Figues de Barbarie.* La partie extérieure du fruit présente une enveloppe charnue et d'un goût peu agréable : elle est garnie de piquants peu développés, mais qu'il faut cependant ne toucher qu'avec précaution, car il s'en détache de petits aiguillons imperceptibles qui causent une piqûre semblable à celle de quelques orties, et que très-souvent on a beaucoup de peine à extraire de la peau où ils ont pénétré. Au moyen d'une incision longitudinale, après avoir coupé la partie supérieure du fruit et de même la partie qui se rapproche de la tige, l'enveloppe se détache facilement et laisse à découvert un fruit de couleur rouge orangé tirant plus ou moins sur le jaune, rempli de petites semences brunes et réniformes à enveloppe très-dure et contenant une petite amande blanche et farineuse. Ces graines, de la grosseur des lentilles, fournissent aux habitants des Iles du Vent et du continent américain une farine blanche qui est employée pour faire de la bouillie et même du pain.

Le fruit de l'Opuntia a une saveur très-agréable et toute particulière : pendant la saison, il est tout à la fois nourrissant, très-sain et très-rafraîchissant. Les Européens en mangent avec plaisir, et il ne pourrait leur causer de danger que s'ils en consommaient avec trop peu de modération. M. Moll rapporte que les indigènes de l'Afrique du Nord s'en servent même comme spécifique contre les diarrhées. Il se mange également cuit : on en trouve ainsi préparé sur les marchés de Guaxaca. Les fruits d'Opuntia peuvent enfin être la base de gelées, de confitures, de liqueurs et de sirops.

On a songé à extraire un principe colorant des fruits de l'Opuntia, et le jardin d'acclimatation de Biskra (province de Constantine) a exposé au concours agricole de Paris, en 1856, de l'encre rouge tirée des baies du Cactus raquette.

Quant à la valeur des figues d'Opuntia, elle est extrêmement minime en Afrique, à cause de la grande quantité qu'on en recueille. Suivant les saisons, elles sont vendues sur la place, au prix de 4 à 20, pour cinq centimes.

A Cinti, dans la république de Bolivia, les *tunas* ou fruits du Cactus raquette sont fort en honneur. M. Francis de Castelnau nous raconte qu'il a connu plusieurs Cintenos qui, tous les matins en se levant, en consommaient une douzaine et même deux douzaines. Mais il ne put en user longtemps comme ces derniers, parce que les vertus rafraîchissantes de ces fruits agirent sur lui avec une grande intensité.

Les indigènes du Mexique, outre la figue, trouvent encore dans l'Opuntia une partie qui sert à leur nourriture : ils mettent dans leurs marmites les bourgeons des fleurs ou des articles, dès qu'ils ont atteint la hauteur de cinq à six centimètres. On vend sur le marché de Guaxaca de jeunes articles d'Opuntia (de vingt à vingt-cinq centimètres de long sur dix à quinze de large) qui cuits à l'eau, se mangent comme des asperges ou avec une sauce composée de piment et de la baie du *Lycopersicum esculentum*.

II

APPLICATIONS A L'INDUSTRIE.

Un ancien sous-officier de spahis, M. Toussaint, a imaginé d'employer le tissu ligneux des feuilles d'Opuntia pour la fabrication d'objets d'ébénisterie et de tabletterie, et il a obtenu des succès remarquables dans ses premières opérations.

Nous extrayons du rapport fait à la Société d'encouragement par M. Clergel, sur l'application à l'industrie du Cactus-Opuntia, quelques lignes qui présentent un intérêt réel dans la question.

« Animé de l'esprit de recherche, M. Toussaint s'était livré à des essais dans le but de reconnaître s'il ne pourrait pas extraire directement du Cactus (la cochenille vivant sur ces plantes) la précieuse substance colorante que l'organisme de l'insecte sait créer ou assimiler. Ses efforts dans ce sens, on ne pouvait que trop s'y attendre, sont restés sans succès ; mais en traitant les raquettes des Cactus pour en retirer le suc, il fut frappé de la contexture variée, légère et toutefois consistante, comme aussi de la diversité des teintes que présentaient les couches du tissu ligneux qui forme leur charpente. Ces couches, dont chacune est le produit d'une végétation annuelle et dont le nombre est ainsi en rapport avec l'âge des raquettes, sont parfois aussi minces que du papier ; parfois aussi elles atteignent des épaisseurs de trois à quatre millimètres. Toujours leurs fibres, solidement entrelacées, constituent un tissu dont l'aspect est, en quelque sorte, celui des dentelles ou guipures. M. Toussaint a pensé qu'en faisant un choix intelligent de ces couches, quant à leur épaisseur, à leurs teintes, au croisement de leurs fibres, on pouvait s'en servir pour remplacer, dans beaucoup de cas, soit la vannerie ordinaire ou de luxe, en osier et en jonc, soit les pailles tressées, soit même aussi les bois d'ébénisterie découpés à jour.

« Le procédé au moyen duquel il détermine la séparation des couches ou feuillets des Cactus et les rend propres à l'emploi auquel il les destine, est très-simple. Les Cactus-Opuntia croissent en grande abondance en Algérie, sur les bords des chemins et des terrains non cultivés. M. Toussaint s'en approvisionne ainsi avec la plus grande facilité : il les abat, les divise à la scie et remplit de leurs fragments, composés chacun d'une ou de plusieurs raquettes, des chaudières contenant de l'eau additionnée d'une petite quantité (5 0/0 environ) de carbonate de soude. Le liquide est chauffé, et après quelques heures d'ébullition, les feuillets cessent d'adhérer entre eux. Desséchés, ils se séparent entièrement ; et il suffit de les battre et de les brosser pour débarrasser leurs fibres des restes de pulpe qu'elles retiennent encore. Après cette préparation, on les classe par dimension, épaisseur, couleur et similitude plus ou moins apparente de contexture. Il s'agit ensuite de les assembler pour les transformer en objets usuels. M. Toussaint y parvient par différents moyens, mais principalement en ayant recours à des sertissures en métal, en jonc, en bois, en ivoire, en baleine et autres substances.

« C'est par ces procédés que l'on est parvenu à fabriquer avec une élégance et un cachet d'originalité des plus agréables, une série très-grande et très-variée d'objets de luxe et de fantaisie, tels que paniers, boîtes et coffres, couvertures de livres, buvards, stores, jalousies, persiennes, éventails, écrans, berceaux, lits, tables, siéges, étagères, cadres, candélabres, coupes, plats pour dessert, chapeaux d'homme et de femme, etc. » Le rapport que nous venons de citer ajoute que si la plupart de ces objets rentrent dans la classe de ceux de pure fantaisie, il en est quelques-uns qui se rattachent à de grandes branches d'industrie ; tel est, par exemple, l'emploi des feuillets d'Opuntia à la confection de chapeaux qui pourront, dans un temps peut-être assez prochain, tenir leur place dans l'importante partie du commerce des chapeaux de paille ; car déjà une des premières modistes de Paris, ayant apprécié les qualités de l'Opuntia pour son art, a fabriqué des chapeaux de Cactus qui ont été favorablement accueillis dans les plus hautes classes de la société.

L'Exposition permanente des produits algériens présente une série d'objets fabriqués par M. Toussaint avec les feuilles d'Opuntia préparées, comme il est indiqué sommairement dans l'extrait du rapport à la Société d'encouragement, que nous venons de reproduire ci dessus.

Le bois de l'Opuntia est aussi employé par les nègres de l'île d'Haïti, et par les naturels de diverses parties de l'Amérique centrale et méridionale pour fabriquer des ustensiles de ménage de différentes sortes, et surtout des plats et des vases. Ils s'en servent aussi pour faire des rames et des seuils de porte.

L'Opuntia est également employé en médecine. Les Arabes, comme nous l'avons rapporté plus haut d'après une autorité bien digne de confiance, se serviraient des fruits comme d'un spécifique contre les diarrhées et des feuilles torréfiées comme d'un calmant résolutif contre la goutte. En pressant les articulations de l'Opuntia, on parvient à en extraire une liqueur gluante qui, suivant J. Bauhin, peut être usitée avec succès contre les ulcères invétérés ; il considère également comme anodines et rafraîchissantes les parties charnues du Cactus raquette. Enfin, l'Opuntia passe pour un très-bon spécifique contre les affections goutteuses et rhumatismales, et il est également usité en place de cantharides ou de sinapisme.

Le mucilage, que les tiges de l'Opuntia renferment en grande abondance, est utilisé par les habitants de quelques parties de l'Amérique méridionale qui s'en servent en guise de colle, et qu'ils mêlent ainsi, le plus souvent, au lait de chaux avec lequel on blanchit les maisons.

Parmi les nombreux produits que la colonisation française en Algérie peut retirer de l'Opuntia, il ne faut pas considérer comme d'une importance secondaire, les feuilles de ce Cactus, qui présentent un excellent aliment pour les bestiaux durant plus de trois mois de sécheresse chaque année (juillet, août et septembre); et ce fourrage est d'autant plus précieux qu'il provient de terrains arides et dépouillés de toute autre végétation susceptible de fournir la nourriture nécessaire aux nombreux troupeaux qui sont véritablement le principe de toute prospérité dans les localités encore peu favorisées de la nature.

La taille des Opuntia, bien qu'elle ne soit pas absolument nécessaire pour leur parfait développement, a cependant l'avantage, outre celui d'assurer une végétation plus régulière et partout plus riche en produits, de fournir des jeunes pousses vertes dont les bestiaux sont très-avides. « Ces feuilles, dit M. L. Moll, sont coupées en tranches comme les racines. Pour les rendre plus appétissantes, on peut, dans le début, les saupoudrer de son. »

Les parties des Opuntia abandonnées par les bestiaux, comme le superflu du feuillage, seront très-utilement employées pour l'engrais des terres incultes, car c'est un fait aujourd'hui bien constaté que l'Opuntia engraisse et fertilise le sol primitivement improductif et incultivable qui l'a porté.

Enfin les pièces non utilisées du bois de Cactus raquette peuvent servir au chauffage des fours.

Quant à la culture des Opuntia, elle ne consiste qu'en un ou deux labours pratiqués annuellement entre les différents pieds, encore n'est-elle effectuée que pour augmenter le nombre et la qualité des produits. Pour la reproduction de ces Cactus, il suffit de planter, à une profondeur de cinq centimètres environ, une raquette que l'on aura eu soin de laisser quelques jours sur le sol pour permettre à la section de se cicatriser. L'époque la plus favorable pour faire ces boutures, commence en août et se continue jusqu'aux premiers jours d'octobre. Dans les terrains les plus secs, la dernière quinzaine de ce mois pourra être favorablement employée aux travaux de multiplication. Bref, la culture et l'extension des plantations d'Opuntia est une des plus faciles et des plus avantageuses de l'Algérie, et il ne faut, pour en profiter, que des colons intelligents, et la création des grandes routes et des moyens de transports qui doivent causer une si heureuse révolution dans notre belle colonie africaine toute disposée à rendre au centuple, ce que l'on aura eu l'intelligence de dépenser pour son libre et parfait développement.

III

LE THUYA

I

Le thuya de Barbarie, que quelques-uns de ses caractères ont fait classer parmi les CALLITRIS, sous le nom de *Callitris quadrivalvis, Vent.*, était connu des anciens depuis une haute antiquité. Théophraste en donne la description dans son histoire des plantes sous le nom de *thyion* ou de *thyia*. Suivant ce célèbre naturaliste grec, « cet arbre croissait alors près du temple d'Ammon et dans la Cyrénaïque. Son bois est incorruptible et sa racine entièrement veinée; aussi en fait-on des objets précieux. »

Le nom du *thuya* se trouve cité à une époque bien antérieure à Théophraste : on le rencontre dans l'*Odyssée* d'Homère (v. 59) :

« Un grand feu brûlait au foyer; l'odeur du cèdre qui se fend facilement et du *thuya* qui se consumait se répandait au loin dans toute l'île. »

Pline, dans le livre XIIIe de son *Histoire naturelle*, donne des détails fort curieux sur le *citrus*, qui paraît être le même arbre que le *thuya*. Nous croyons devoir insérer ici la traduction des parties les plus intéressantes du récit du naturaliste latin, sur la plante qui nous occupe :

« La Mauritanie, située près de l'Atlas, produit une quantité de citres, avec le bois desquels on fait des tables qui sont recherchées d'une manière extravagante ; aussi les femmes les reprochent-elles aux hommes, quand ceux-ci leur reprochent les perles. Celle de Cicéron existe encore, et ce qui est surtout étonnant, c'est que, malgré son peu de fortune, il la paya cependant alors 1,000,000 de sesterces (ou 210,000 fr.). On cite aussi la table d'Asinius Gallus, qui coûta 1,100,000 sesterces (ou 231,000 fr.). Deux tables provenant du roi Juba furent vendues, en vente publique, l'une 1,200,000 sesterces (ou 252,000 fr.), l'autre un peu moins. Récemment, dans un incendie, il en périt une qui avait appartenu à la famille des Céthegus ; elle avait été achetée 1,400,000 sesterces (ou 294,000 fr.), ce qui équivaut à la valeur d'un vaste domaine, en supposant que l'on veuille payer même aussi cher une propriété foncière. La table dont la dimension était la plus grande, celle de Ptolémée, roi de Mauritanie, était faite de deux demi-circonférences : elle avait 4 pieds et demi de diamètre sur 3 pouces d'épaisseur. Mais ce qui était plus merveilleux, c'était l'art avec lequel on avait caché la jointure des deux ronds, de manière qu'elle était plus belle qu'on aurait pu l'espérer quand même elle aurait été naturellement d'un seul morceau. Nomius, affranchi de Tibère, donna son nom à une table d'une seule pièce ; elle avait 4 pieds moins $\frac{3}{4}$ de pouce de diamètre sur 6 pouces moins la même fraction d'épaisseur. A ce sujet, n'oublions pas d'ajouter que Tibère lui-même en possédait une de 4 pieds 2 pouces moins $\frac{1}{4}$ de diamètre, mais dont l'épaisseur n'était que de 1 pouce $\frac{1}{2}$, et qui n'était que plaquée de citre, tandis que celle de Nomius, son affranchi, était si riche. Les nœuds de la racine servent ordinairement à faire les tables, mais ceux qui sont entièrement sous terre sont appréciés par-dessus tout, et comme ils sont plus rares que ceux qui viennent au-dessus du sol et que ceux qui se forment dans les branches, il arrive que ce qui est acheté aujourd'hui si cher n'est que le rebut de ces arbres, dont on peut évaluer la grosseur, ainsi que celle de leurs racines, d'après la largeur des coupes transversales des tables faites avec les ronds de ce bois. Les citres ressemblent au cyprès femelle, et même au sauvage, par les feuillages, l'odeur et la tige. Le mont Ancorarius, dans la Mauritanie citérieure, était celui qui fournissait les citres les plus estimés ; mais ses forêts en ont été déjà dépouillées.

« Les tables les plus remarquables sont celles qui ont des veines ressemblant à des cheveux crêpés ou bien à de petits tourbillons ; celles dont les veines se produisent en long s'appellent *tigrines ;* au contraire, celles dont les veines reviennent sur elles-mêmes ont le nom de *panthérines*. Il y en a aussi à ondulations crépues, qui sont très-estimées lorsqu'elles imitent les œils de la queue du paon. Après celles-ci et les précédentes, on aime encore beaucoup celles dont les veines sont comme des grains étroitement rapprochés les uns des autres, et que par cela même on appelle *assiates*. Mais la condition de beauté importante pour ces tables, consiste dans la couleur. Ici, l'on préfère à toute autre la nuance du vin miellé, avec des veines brillantes. Après la couleur, c'est la grandeur que l'on recherche le plus. Généralement l'on désire qu'elles soient faites d'un tronc entier ; cependant on en forme de plusieurs pièces.

« Défauts d'une table : — Le *bois*, c'est-à-dire le manque d'éclat, un fond sans marbrure ou ressemblant aux feuilles de platane ; ou bien encore des veines imitant celles de l'yeuse, et sa couleur ; — les *fentes*, ou des gerçures semblables à des fentes, défauts causés le plus souvent par la chaleur et les vents ; — une bande noire semblable à une murène, ou du pointillé comme la corneille, ou des nœuds comme le pavot ; — enfin, une teinte se rapprochant du noir ou d'*une vilaine couleur*. Les barbares de l'Atlas mettent dans la terre le citre encore vert et l'enduisent de cire. Les ouvriers le laissent pendant sept jours sur des tas de blé, puis attendent encore sept jours avant de le travailler. Il est étonnant combien, par ce moyen, le poids du bois diminue. Les naufrages ont appris depuis peu que l'eau de la mer dessèche ce bois, qui acquiert alors une dureté telle qu'il devient inaltérable, et l'on ne saurait parvenir à ce but par aucun autre procédé. Pour le maintenir constamment dans son brillant, il faut le frotter avec la main sèche, surtout au sortir du bain. Cet arbre n'est point susceptible d'être taché par les vins ; aussi on dirait qu'il est fait pour eux.

« Comme cet arbre est l'un des éléments du luxe, nous croyons devoir nous arrêter encore un peu sur son sujet.

« Le citre fut connu d'Homère : on l'appelle, en grec, *thyon*, ou *thya*. Homère rapporte que Circé, dont il faisait une déesse, brûlait, parmi d'autres parfums, le bois odorant de cet arbre pour son agrément. Ceux qui, par le mot *thyon*, entendent des parfums en général, se trompent entièrement ; car, dans le même sens, le poëte grec cite successivement le cèdre et le larix : et il est manifeste qu'il ne parle que d'arbres dans cet endroit. Théophraste (le premier qui consigna, depuis la mort d'Alexandre-le-Grand, les faits de notre histoire qui se sont passés vers l'an 440 de Rome) dit que le *thyon* était déjà en grande faveur. Il rapporte qu'on mentionne des charpentes de temples faites de ce bois, et qu'employé ainsi dans les toitures, il est en quelque sorte éternel et entièrement inattaquable. Suivant Théophraste, rien n'est mieux veiné que sa racine, et rien ne produit des ouvrages plus précieux. Le plus beau *thyon*, ajoute-t-il, croît aux environs du temple d'Ammon, ainsi que dans la partie inférieure de la Cyrénaïque. Quant aux tables de citre, Théophraste se tait à leur sujet. En effet, on n'en mentionne aucune avant celle de Cicéron, qui paraît faite nouvellement. »

La renommée du thuya et le goût des tables formées de ce bois, comme on le voit, se répandirent rapidement chez les Romains et chez d'autres nations de l'ancien monde. Plusieurs écrivains latins ont célébré les tables de cèdre atlantique, témoin les passages suivants :

Accipe felices, atlantica munera, sylvas :
Aurea qui dederit dona, minora dabit.

« Reçois des dons précieux des *forêts de l'Atlas;* des présents d'or ne vaudraient pas autant. » (Martial, liv. xv, épigr. 89.)

Nec sum crispa quidem, nec sylvæ filia Mauræ ;
Sed norunt lautas et mea ligna dapes.

« Il est vrai, je ne suis pas madrée ; je ne suis pas non plus *fille des forêts maures;* cependant je parais aux festins somptueux. » (Martial, liv. 14, épigr. 90.)

Ces vers sont attribués, par le poëte latin, à une table de bois d'érable, qui, malgré sa beauté inférieure à celles de bois de thuya, n'est cependant pas indigne de paraître aux plus brillants festins.

> Tantum Maurusia genti
> Robora divitiæ, quarum non noverat usum ;
> Sed citri contenta comis vivebat, et umbra.
> In nemus ignotum nostræ venere secures ;
> Extremoque epulas mensasque petivimus orbe.

« Les forêts étaient les seules richesses du Maure, et cependant il n'en connaissait pas la valeur ; il vivait satisfait du feuillage des citres et de leur ombre. Nos haches pénétrèrent dans ces bois inconnus et nous allâmes chercher aux extrémités du monde et nos mets et nos tables. » (Lucan., *Pharsal.*, liv. IX, v. 425-430.)

Cicéron, dans son plaidoyer contre Verrès (II, IV, 17), lui reproche d'avoir dérobé une table très-grande et très-belle (maximam et pulcherriman mensam citream) faite en bois de thuya.

Enfin, l'*Apocalypse* de saint Jean, § XVIII°, ℣ 12, cite le ξύλον υδινον, parmi d'autres objets d'un grand prix.

II

La culture du Thuya de Barbarie a présenté quelques difficultés aux personnes qui essayèrent de la pratiquer en France et surtout près de Paris. Les plus grandes précautions durent être prises pour éviter que les graines ne périssent en terre avant de germer ; la serre même fut réclamée pour les Callitris pendant certains mois de l'année. On n'est pas encore parvenu à reproduire ce conifère par le moyen de boutures; aussi le multiplie-t-on, le plus souvent, en le greffant sur des Cyprès ou sur des Biota. Mais la plupart de ces difficultés disparaissent lorsqu'il s'agit de propager le Thuya de Barbarie dans son pays natal, en Algérie, sur les penchants du mont Atlas.

Comme nous l'avons dit ci-dessus, plusieurs portions considérables des forêts du sol barbaresque ont été successivement détruites par les incendies. Aussi tandis que, d'un côté, l'on sera occupé à exploiter les forêts de Thuya, il est urgent que, d'un autre côté, l'on s'occupe de propager cette riche essence dans les parties les plus dépourvues de végétation : sans ce soin diligent, les colons verraient bientôt disparaître une source de richesses naturelles qui, protégée par d'intelligents sylviculteurs, peut devenir intarissable, et, en même temps, de plus en plus productive. Dans l'état actuel des forêts de l'Algérie, on ne rencontre le plus souvent que des buissons de thuya, au lieu de beaux arbres qui se seraient naturellement développés, si le feu incendiaire n'était venu arrêter les progrès de leur végétation. Comme les essences algériennes n'ont pas été exploitées depuis longtemps, cette circonstance ne sera que peu défavorable aux colons ; car, si, d'une part, on ne recueille au-dessus du sol que de faibles branches, trop frêles pour être employées dans l'industrie ; d'autre part, on trouvera, enfouies en terre, de larges et belles souches qui récompenseront grandement du défaut des parties supérieures. Mais, aussitôt que ces souches auront été arrachées du sein de leur terre nourricière, il ne restera plus, dans les bois de Callitris, que de fragiles rejetons avortés ou rompus : ces superbes forêts deviendront encore une fois stériles ; le bois de thuya sera, de nouveau, épuisé jusque dans la mère-patrie.

Il ne suffit donc point aux colons algériens, d'accourir, la hache à la main, ravir aux collines de l'Afrique du nord leur parure végétale; il faut encore, en cultivateurs intelligents, répandre à profusion, sur les parties incultes de la chaîne de l'Atlas, les semences de l'arbre qui en constituent la plus belle production et l'une des richesses les plus durables, si l'on ne s'efforce point d'en abuser outre mesure.

Parmi les versants des collines de l'Algérie, ceux qui regardent le midi paraissent les plus privilégiés sous le rapport du nombre et de la vigueur des Callitris que l'on y rencontre. Que ce soit donc à cette exposition que l'on prépare les ensemencements de thuya. Avec peu de soin et presque sans aucune dépense, on les verra rapidement éclore, croître et parvenir à leur parfaite maturité. Quant à ce qui concerne les opérations générales de sylviculture, nous ne pouvons que renvoyer aux traités spéciaux relatifs à cette science importante. On trouvera, dans l'ouvrage de M. Abel Carrière sur les conifères, une suite de détails pour les colons français qui s'occupent de l'exploitation et de la propagation des essences variées du sol algérien.

Le bois de thuya peut être employé *massif* ou en feuilles (plaquage). Il est susceptible de recevoir un beau poli. Le *tronc* fournit un bois d'un aspect tout à fait différent de celui de la racine; par sa couleur, d'un rouge tirant un peu sur le jaune, il se rapproche assez de l'acajou neuf, mais il diffère de ce dernier en ce qu'il ne brunit point en vieillissant.

La *souche* fournit de larges pièces massives dont l'aspect et la teinte varient agréablement suivant les sujets d'où ils ont été tirés. Les plus belles sont assurément les mieux mouchetées ou celles qui offrent de longues veines ondulées et de couleur rouge foncé, légèrement orangées dans certaines parties de leurs gracieuses sinuosités.

Employé simultanément avec le palissandre et l'ébène, ou même avec d'autres essences particulières à l'Algérie, le bois de thuya permet de fabriquer, à un prix modéré, des objets de luxe d'une élégance et d'une beauté parfaites. Plus connu en Europe, il sera bientôt préféré à l'acajou, sur lequel il aura des avantages positifs de coût, de qualité, de beauté et de durée.

Non-seulement le thuya de Barbarie est appelé à être bientôt d'un usage journalier dans l'ébénisterie, mais encore à servir considérablement dans la construction des bâtiments et des édifices publics ou particuliers.

Théophraste, ainsi qu'on l'a vu mentionné ci-dessus, nous apprend que ce bois était employé pour les charpentes des temples. Il jouait également un grand rôle dans la construction de ces élégantes maisons mauresques (qui tendent à disparaître entièrement d'Alger et de la plupart des villes soumises à la domination française), dont les balcons à cage en saillie, dessinés en croisillons qui s'agencent dans une habile confusion, dans un pittoresque plein d'intentions coquettes et de combinaisons artistiques, font l'admiration et le désespoir de nos peintres, désolés de voir disparaître, chaque jour, ces confidents si curieux de la vie cloîtrée, ces complices si étranges de la jalousie musulmane [1].

[1] *Revue horticole*, 3e série, tom. v, pag. 318.

La résine qui forme la SANDARAQUE naît sur le thuya de Barbarie. Cette gomme, dont la couleur est jaunâtre au moment où elle s'échappe de l'arbre d'où elle provient, s'enfouit dans la terre, où bientôt on la retrouve parfaitement blanche, avec des reflets cristallins. On sait que la sandaraque est employée dans la préparation des vernis, dans la lithographie, et qu'elle sert également à empêcher le papier non collé de boire l'encre.

FIN.

Paris. — CHALLAMEL aîné, Commissionnaire pour l'Algérie et l'étranger,

30, RUE DES BOULANGERS.

OUVRAGES NOUVEAUX :

APPEL DE MONSEIGNEUR PAVY, évêque d'Alger, en faveur de la chapelle de Notre-Dame-d'Afrique. In-8., avec une vue de la chapelle. Alger, imp. Bastide, in-8. (Se vend au profit de l'œuvre.) 1 fr. 25.

BÉRARD (V.). — L'Indicateur général de l'Algérie. Description biographique, historique, statistique de toutes les localités comprises dans les trois provinces. Contenant tous les renseignements indispensables aux vogageurs et aux colons. 2e *édition* entièrement refondue, accompagnée d'une carte de l'Algérie et des plans des villes d'Alger, de Constantine et d'Oran. Fort vol. in-18. 4 fr. »», relié en toile 5 fr. »»

— Poëmes algériens et Récits légendaires, traduits ou imités en vers, d'après l'idiome arabe d'Alger, suivies des ALGÉRIENNES, poésies diverses. In-18. 5 fr. 50

DELAVIGNE, O. MAC-CARTHY, U. RANC, J. A. SERPOLET et A. VARNIER. — Chemins de fer de l'Algérie, par la ligne centrale du Tell, avec rattaches à la côte. Grand in-8 avec carte de l'Algérie, indiquant le tracé. 2 fr. »»

DUVERNOIS (CLÉMENT). — L'Algérie, ce qu'elle est, ce qu'elle doit être. Essai économique et politique, 1 fort vol. in 18. 4 fr. »»

— La réorganisation de l'Algérie. Lettre à S. A. I. le prince Napoléon, chargé du ministère de l'Algérie, in-18. 50 c.

— L'Akhbar et les novateurs téméraires. Lettre à M. Bourget, in-18. 50 c.

— Les Chemins de fer algériens. — Leur utilité, — leur possibilité, — leur produit. In-8. 1 fr. 50

— Pourquoi des douanes en Algérie ? In-8. 1 fr. »»

MAC-CARTHY (O). — Géographie physique, économique et politique de l'Algérie. 1 vol. in-18 de 470 pages. 3 fr. »»

FORTIN d'Ivry. — Coutumes de la culture arabe. Aperçu sur les us et coutumes agricoles des Arabes, suivi de quelques considérations générales. In-8 1 fr. 50.

Hardy (A.), directeur de la pépinière centrale du gouvernement à Alger. — Manuel du cultivateur de coton en Algérie. In-8. 1 fr. 25

Labat (L.) père. — Manuel de l'éducateur de vers à soie en Algérie. In-18. 1 fr.

Moll, professeur d'agriculture au Conservatoire. — Agriculture et colonisation de l'Algérie. 2 vol. in-8 et 100 gravures : 12 fr.

Munby (G.), colon d'Alger. — Flore de l'Algérie, ou *Catalogue des plantes indigènes du royaume d'Alger,* accompagné des descriptions de quelques espèces nouvelles et peu connues. In-8, 6 planches. 4 fr.

Rosny (Léon de). — Notice sur le Thuya de Barbarie (*Callitris quadrivalvis*) et sur quelques autres arbres de l'Afrique boréale. In-8, 2 planches. 1 fr. 50

— Etudes d'agriculture Algérienne. In-18 Charpentier. 1 fr. »»

— Aperçu général des langues sémitiques et de leur histoire. Brochure in-8. 2 fr.

— Recherches sur l'Écriture des différents peuples anciens et modernes. Ouvrage comprenant une grande collection d'Alphabets et de nombreux fac-simile de manuscrits, reproduits en or, en couleurs. Paris, 1857-58, 1 magnifique volume in-4, avec planches et cartes; la livraison, 1 fr. 50

LIVRES POUR L'ÉTUDE DE LA LANGUE ARABE :

Bellamare (A). — Grammaire arabe (idiôme d'Alger), à l'usage de l'armée et des employés civils de l'Algérie. Suivie des formules de la civilité arabe, etc. Adoptée par l'Université. In-8. 3e édit. 3 fr. 50 c.

— Abrégé de géographie. Arabe et français. A l'usage des écoles arabes-françaises. Publié avec l'autorisation de M. le ministre de la guerre. In-8 br. Cartes. 2 fr.

Le même ouvrage, texte arabe seul. 1 fr. 50 c.

Bresnier (L. J.), professeur d'arabe à la chaire d'Alger, l'un des disciples de Lemaître de Sacy.—Cours pratique et théorique de langue arabe, renfermant les principes détaillés de la lecture, de la grammaire et du style, ainsi que les éléments de la prosodie, accompagné d'un *Traité du langage arabe usuel* et de ses divers dialectes en Algérie. 2e édition. Bel in-8, orné d'un joli titre arabe, or et couleurs. Alger, imprimerie Bastide. 12 fr.

— Chrestomathie arabe. Lettres, actes et pièces diverses, avec la traduction française en regard, accompagnée de notes et d'observations. Suivie d'une notice sur les successions musulmanes, et d'une concordance inédite des calendriers grégorien et musulmans 2e édition revue, corrigée, augmentée. Bel in-8, orné d'un magnifique titre arabe, or et couleurs. Alger, impr. Bastide. 9 fr.

— Élément de calligraphie orientale, comprenant 34 modèles d'écriture, 17 barbaresques (Maroc, Alger, Tunis) et 17 orientaux (Egypte, Turquie, Perse, Syrie, etc.), avec une introduction explicative. Cahier in-8 oblong dans un carton. Alger, impr. Bastide. 3 fr. 50 c.

— Anthologie arabe élémentaire. Choix de maximes et de textes variés, la plupart inédits, accompagné d'un *vocabulaire arabe-français*, à l'usage du lycée et des écoles primaires supérieures de toute l'Algérie. 1 fort in-8, orné d'un jol titre arabe, or et couleurs. Alger, impr. Bastide. 5 fr.

— Djaroumya Grammaire arabe élémentaire, de Mohamed ben Dawoud el Sanhadjy, texte arabe et traduction française, avec notes explicatives. In-8 avec un titre arabe or et couleurs. Alger, Bastide. 5 fr.

— *La même* texte arabe seul. In-8. 1 fr. 50 c.

Pihan (A. P.). — Glossaire des mots français tirés de l'arabe, du persan et du turc, contenant leur étymologie orientale en caractères originaux.....; précédé d'une *Méthode simple et facile* pour apprendre à tracer et lire promptement les caractères arabes, persans et turcs. 1 vol. in-8. 1847. Augmenté d'un *appendice*, additions et corrections. 1849. 7 fr. 50 c.

— Éléments de la langue algérienne, ou Principes de l'arabe vulgaire usité dans les diverses contrées de l'Algérie. 1 vol. in-8. 6 fr. 50 c.

— Notice sur les divers genres d'écriture ancienne et moderne des Arabes, des Persans et des Turcs. 1 vol. in-8. Imprimerie impériale. 3 fr. 50 c.

Vincent, secrétaire-interprète attaché à l'armée d'expédition en 1830.— Vocabulaire français-arabe, suivi de dialogues à l'usage de l'armée d'expédition d'Afrique. Imp. par ordre du ministre de la guerre. 1830. In-12 oblong. 3 fr.

LE PÈRE FURET.

Lettre a M. Léon de Rosny, sur l'Archipel japonais et la Tartarie orientale, in-8, avec carte. 2 fr. »»

Manuel de philosophie japonaise traduit pour la première fois en français, publié avec des notes par A. Bonnetty, et un appendice par L. de Rosny, in-8. 1 fr. 25 c.

PARIS. — IMPRIMERIE H. CARION, 64, RUE BONAPARTE.

www.ingramcontent.com/pod-product-compliance
Ingram Content Group UK Ltd.
Pitfield, Milton Keynes, MK11 3LW, UK
UKHW020455230726
13925UKWH00005B/1964

9 782014 446074